geografia e meio ambiente

COLEÇÃO
CAMINHOS DA GEOGRAFIA

Para SABINA e NATALHIE,
pelo "bom do amor";

Para NILZA,
pelo "meio ambiente";

Para HORIESTE GOMES e
CARLOS AUGUSTO F. MONTEIRO,
pela grandeza de pensamento.

"Por mais complexas que possam ser as relações dessa humanidade conturbada com o seu planeta em via de deterioração, não será possível atingir um conhecimento geográfico apenas no econômico, por mais determinante do social que ele seja."

C.A.F. Monteiro, *1984*.

geografia e meio ambiente

francisco mendonça

Copyright © 1993 Francisco de Assis Mendonça
Todos os direitos desta edição reservados à
Editora Contexto (Editora Pinsky Ltda.)

Revisão
Luis Roberto Malta/Texto & Arte Serviços Editoriais

Composição
Veredas Editorial/Texto & Arte Serviços Editoriais

Dados Internacionais de Catalogação na Publicação (CIP)
(Câmara Brasileira do Livro, SP, Brasil)

Mendonça, Francisco de Assis
 Geografia e meio ambiente / Francisco de Assis Mendonça. –
9. ed., 1ª reimpressão. – São Paulo : Contexto, 2025. –
(Caminhos da Geografia).

Bibliografia
ISBN 978-85-7244-030-1

1. Geografia 2. Geografia física. 3. Meio ambiente I. Título.
II. Série.

CDD-910.02

Índice para catálogo sistemático:
1. Geografia física 910.02

2025

Editora Contexto
Diretor editorial: *Jaime Pinsky*

Rua Dr. José Elias, 520 – Alto da Lapa
05083-030 – São Paulo – SP
PABX: (11) 3832 5838
contato@editoracontexto.com.br
www.editoracontexto.com.br

Proibida a reprodução total ou parcial.
Os infratores serão processados na forma da lei.

SUMÁRIO

INTRODUÇÃO 7

1. A EMERGÊNCIA DA TEMÁTICA AMBIENTAL NA ATUALIDADE 9
   – O caos da qualidade de vida da população 10
   – O alarmismo da mídia 12
   – O papel das ciências, das artes e da atividade política. 16

2. O AMBIENTALISMO GEOGRÁFICO DE CUNHO NATURALISTA (PRIMEIRO MOMENTO) 21
   – A origem da geografia moderna: a base natural-social. 22
   – Geografia da natureza e geografia da sociedade .. 24
   – A tentativa ambientalista de Reclus. 27
   – Geografia física: geografia ambiental? 30

3. AS CONTINGÊNCIAS MUNDIAIS PARA
   A ECLOSÃO DA CONSCIÊNCIA AMBIENTAL
   NO SÉCULO XX 33
   – Segunda Guerra Mundial 33
   – A globalização das economias capitalista e
     socialista: o imperialismo 35
   – A explosão demográfica 38
   – Seca/fome/desertificação na África............ 42
   – Movimentos sociais gerais 44
   – A abertura do conhecimento científico:
     o salto qualitativo da geografia 51

4. O AMBIENTALISMO GEOGRÁFICO ENGAJADO
   NA TRANSFORMAÇÃO DA REALIDADE
   (SEGUNDO MOMENTO).................... 55
   – A nova abordagem do meio ambiente.......... 55
   – As limitações do marxismo na análise ambiental. 56
   – Uma nova variável na paisagem do geógrafo
     físico: a ação antrópica 61

5. POR UMA ABORDAGEM HOLÍSTICA DA
   TEMÁTICA AMBIENTAL 69

INDICAÇÕES BIBLIOGRÁFICAS 75

O AUTOR NO CONTEXTO 80

INTRODUÇÃO

Eis que, de repente, a preocupação do homem com a natureza adquiriu importância e ocupa lugar destacado no rol de interesses das mais diferentes organizações sociais da atualidade. Seria isto fruto do acaso? Claro está que não – e a realidade das condições ambientais e de qualidade de vida dos homens, neste final de século XX, estão comprovando, minuto a minuto, que este rápido emergir da temática e da questão ambiental não é simplesmente mera obra do acaso.

Assumindo sua necessária importância enquanto aspecto de discussão e preocupação geral, a temática ambiental tem recebido um justo e profícuo tratamento de alguns segmentos sociais; outros segmentos, porém, apossaram-se dela para algum tipo de autopromoção. No âmbito da ciência, por exemplo, tal aspecto tem sido enfocado e desenvolvido de maneira bastante enriquecedora, sendo que ao mesmo tempo inúmeras diretrizes têm sido apontadas para ações no sentido de resgatar e resguardar qualidade de vida aliada a ambiente sadio.

Nem todas as ciências, entretanto, tiveram uma preocupação ambientalista durante sua evolução e isto é bastante interessante quando, na atualidade, se percebe que quase todas – senão todas – têm voltado sua atenção para essa temática; a despeito das críticas negativas, deve-se salientar que isto é consideravelmente bom e contribui para um melhor equacionamento da questão. A geografia, ao lado de algumas outras ciências, desde sua origem tem tratado muito de perto a temática ambiental, elegendo-a, de maneira geral, uma de suas principais preocupações.

A emergência da temática ambiental na atualidade e a evolução de seu tratamento dentro da geografia constituem o fio condutor deste livro.

1. A EMERGÊNCIA DA TEMÁTICA AMBIENTAL NA ATUALIDADE

(...)
A mediação interessada, tantas vezes interesseira, da mídia, conduz, não raro, à doutorização da linguagem, necessária para ampliar o seu crédito, e à falsidade do discurso, destinado a ensombrear o entendimento. O discurso do meio ambiente é carregado dessas tintas, exagerando certos aspectos em detrimento de outros, mas, sobretudo, mutilando o conjunto.

(...)
Se antes a natureza podia criar o medo, hoje é o medo que cria uma natureza mediática e falsa, uma parte da natureza sendo apresentada como se fosse o todo.

(...)
O que, em nosso tempo, seja talvez o mais dramático, é o papel que passaram a obter, na vida cotidiana, o medo e a fantasia. Sempre houve épocas de medo. Mas esta é uma época de medo permanente e generalizado. A fantasia sempre povoou o espírito dos homens. Mas agora, industrializada, ela invade todos os momentos e todos os recantos da existência a serviço do mercado e do poder e constitui, juntamente com o medo, um dado essencial de nosso modelo de vida.

(...)
M. Santos, *1992.*

A discussão da temática ambiental se reveste de grande importância na atualidade devido a inúmeros fatores. Três deles são abordados a seguir:

O CAOS DA QUALIDADE DE VIDA DA POPULAÇÃO

Nestes aproximadamente duzentos anos de industrialização do planeta, a produtividade de bens materiais e seu consumo se deu de forma bastante acelerada. Como esse processo de industrialização desrespeitou a dinâmica dos elementos componentes da natureza, ocorreu uma considerável degradação do meio ambiente. Essa degradação tem comprometido a qualidade de vida da população de várias maneiras, sendo mais perceptível na alteração da qualidade da água e do ar, nos "acidentes" ecológicos ligados ao desmatamento, queimadas, poluição marinha, lacustre, fluvial e morte de inúmeras espécies animais que hoje se encontram em extinção. A degradação do ambiente e, consequentemente, a queda da qualidade de vida se acentuam onde o homem se aglomera: nos centros urbano-industriais. Aqui, os rios, fundos de vales e bairros residenciais periféricos dividem o espaço com o lixo e a miséria.

A explosão demográfica é uma contingência que não pode deixar de ser abordada ao se debater o caos da qualidade de vida da população, porém, é extremamente grave

As periferias urbanas dos países em desenvolvimento têm sido caracterizadas, cada vez mais, pela divisão do espaço entre homens, depósitos de lixo, prostituição, esgotos a céu aberto, erosões, etc. (Fundo de vale degradado – Ribeirão Cambezinho/Jardim Bandeirantes, Londrina/PR – Fotos do autor)

inseri-la na discussão sem antes tentar compreendê-la no contexto socioeconômico-político do século XX. Ao lado do crescente contingente populacional, o desenvolvimento da ideologia do consumismo pós-anos 50 tem exacerbado as diferenças entre condições de vida, o que tem gerado extremos na qualidade da miséria humana e ao mesmo tempo a concentração de riquezas, ilustrada pelo aparecimento de verdadeiros magnatas... A gritante disparidade desses aspectos chega a relembrar as relações sociais da época da monarquia, agora com outro nome.

A qualidade de vida do homem apresenta, neste final de milênio, uma queda sem limites, fato contraditório, pois é exatamente nesta fase da evolução da sociedade humana que se encontram marcados os principais progressos do ponto de vista da ciência e da tecnologia em toda a história da humanidade. Mais adiante vamos procurar entender melhor esse contrassenso.

O ALARMISMO DA MÍDIA

Os vários meios de comunicação têm trazido à tona e de maneira bastante alarmista os problemas globais relacionados à degradação do meio ambiente, sobretudo aqueles de ordem mais catastrófica, como acidentes nucleares, derramamento de petróleo em regiões marinhas, mortandade de animais por poluição de rios, queimadas, etc.

Assim, mesmo determinados processos de ordem completamente natural como erupções vulcânicas ou chuvas torrenciais, passam a ser encarados como "acidentes ecológicos".

Num momento em que certos fenômenos naturais adquirem caráter de sobrenaturais como na atualidade, urge resgatar a verdade que se encontra camuflada pelo sensacionalismo de grande parte da mídia nacional e internacional; é preciso que se esclareça que a noção de acidente, catástrofe, castigo, etc. é de ordem sobretudo humano-social, e que fenômenos como maremotos, terremotos, inundações, secas, vulcanismo, ilhas de calor, efeito estufa, etc. somente adquirem importância para a sociedade quando atingem ou ameaçam áreas habitadas ou de importância econômica.

Esses fenômenos decorrem, basicamente, da dinâmica natural do planeta. Eles precisam ser exorcizados do sensacionalismo engendrado pela mídia quando da divulgação de suas manifestações. Nestas ocasiões, seria muito interessante e construtivo abordar os problemas consequentes à falta de planejamento e orientação geral nos assentamentos urbano-industriais e rurais, fato marcante quando se observa, principalmente nos países não desenvolvidos, a supervalorização do planejamento econômico em detrimento do planejamento social.

As inundações que ocorrem frequentemente em Recife, Maceió, Rio de Janeiro e São Paulo – dentre outras cidades –, resultando em milhares de desabrigados e elevado número de mortos, devem deixar de ser encaradas como "castigo divino"; a população carente que mora quase dentro dos canais fluviais e encostas íngremes destas cidades não encontra outras áreas possíveis de sobrevivência. Isto para não tocar na completa falta de assistência por parte do Estado.

É preciso que a mídia se conscientize de que o desenvolvimento científico e tecnológico atingido pela sociedade humana no final do século XX já a livrou da simples condição de vítima da natureza; que a condição de submissão completa veio sendo alterada paulatinamente desde a descoberta do fogo e se acelerou bruscamente nos últimos quarenta anos.

É muito comum encontrar entre os meios de comunicação, até mesmo para se caracterizarem como "modernos" ou "inovadores", uma parte voltada ao meio ambiente, embora na maioria das vezes o material esteja inteiramente distante do que se entende e se concebe cientificamente como meio ambiente. As reportagens, carentes boa parte das vezes de análises das causas e efeitos dos fenômenos em questão, colaboram de certa maneira para estimular a preocupação de se lutar por um ambiente sadio; no entanto, pelo seu tom, podem desviar o interesse de muitos militantes em potencial. A vulgarização de termos como *meio ambiente*, *ecologia*, *natureza* e outros tem apontado muito mais para uma ecologite (doença/inflamação do ecos/hábitat), do que para o enfoque ecologista no sentido de preservação e recuperação da natureza ou do meio ambiente.

A ação da mídia, de maneira generalizada, tem contribuído pelo menos para permitir até ao mais desligado dos homens um pequeno contato com a temática ambiental e é dever de todo cidadão, sobretudo daqueles mais escla-

Os rios têm sido transformados em verdadeiros esgotos a céu aberto nas cidades e, nas áreas agrícolas, acumuladores de agrotóxicos... isto tem elevado a níveis alarmantes a poluição das águas, e é destas águas que os homens se servem até para alimentação!!!
(Ribeirão Cambé/Londrina-PR – Foto do autor)

recidos, tentar filtrar a carga negativa da informação aproveitando tudo que for possível. É importante ter consciência de que, salvo exceções, a mídia tem um papel fundamental na manutenção do *status* de dominação cultural nos países não desenvolvidos.

O PAPEL DAS CIÊNCIAS, DAS ARTES E DA ATIVIDADE POLÍTICA

A temática ambiental tem sido tratada de maneira diferente segundo três instâncias de atividade dos homens: ciências, artes e atividades políticas. No caso das ciências, a abordagem faz parte de sua própria origem, e elas evidentemente a tratam segundo a característica de cada momento histórico de seu desenvolvimento; o que hoje se tem difundido, principalmente através da mídia, do que seja meio ambiente, não foi assim desenvolvido pela ciência ao longo de toda a sua trajetória, mesmo porque o momento presente exige uma reflexão e um tratamento bastante diferenciado desta questão. Ao papel da ciência voltaremos mais adiante, mesmo porque a abordagem que aqui se faz é uma pretensa interpretação científica da temática ambiental.

Com relação às artes, a retratação do meio ambiente, através da música, da pintura, da escultura, da literatura, do teatro, etc. sempre apareceu como inspiração dos artistas de forma contemplativa. Mais recentemente os artistas passaram a denunciar as agressões da sociedade contra a natureza. Esta forma de participação tem contribuído para a conscientização da problemática ambiental e em muitos casos esclarecido equívocos criados pelos alarmismos da mídia.

No âmbito da atividade política pode-se classificar de desprezível a atitude demagógica de determinados indivíduos, quando sob a atenção do eleitorado, de se utilizar dos problemas relativos ao meio ambiente, como um recurso para conseguir mais votos sem sequer demonstrar conhecimento aprofundado e compromisso real com sua causa. Proferindo discursos de cunho também ecológico, muitos governantes têm se elegido nos mais diferentes países, principalmente naqueles ainda em desenvolvimento. E como não há uma cobrança mais direta da sociedade organizada, os dirigentes nada, ou quase nada, têm feito em prol de um ambiente mais sadio para o planeta em geral e para a população diretamente atingida.

No cenário brasileiro, as últimas eleições para a presidência e os governos estaduais e municipais, assim como para as câmaras de vereadores e deputados e para o senado, ilustram esta afirmação. Em quase todas as plataformas eleitorais e programas de governo dos então candidatos se percebia claramente uma parte específica voltada ao meio ambiente. No entanto, observando-se a trajetória política e a vida de cidadão de cada um até aquele momento, pouco ou nada se encontrava em termos de ações concretas relativas à problemática ambiental. Essa prática política não é, contudo, surpreendente, visto que o cenário político nacional é marcadamente caracterizado pela corrupção, o clientelismo e a falta de transparência. É de se assinalar que um governo federal não deve centralizar suas atividades ligadas ao meio ambiente apenas na organização de um evento de ordem mundial – ECO/RIO 92 – principalmente pelo seu caráter passageiro.

Deve-se observar e reconhecer os esforços de alguns políticos no tocante à defesa do meio ambiente. Com inúmeras dificuldades alguns – verdadeiras ilhas na conjuntura política nacional – têm conseguido pequenos avanços na elaboração de diretrizes e planos de cunho ambientalista. A força e influência dos "verdes" ainda está em formação na esfera política brasileira.

No âmbito das ciências, a temática ambiental tem estado sempre presente, sendo tratada de forma diversa de acordo com os diferentes momentos históricos que caracterizam o desenvolvimento do conhecimento científico. Como nosso propósito no presente ensaio é a análise de como a temática ambiental tem sido tratada pela ciência geográfica, doravante vamos nos ater mais à evolução desta ciência e de como ela abordou o meio ambiente.

Seria interessante, antes que se prossiga, que o leitor faça uma reflexão no sentido de rever as discussões acerca do questionamento, sobretudo feito por não geógrafos, sobre se a geografia se constitui realmente em um conhecimento científico. Não seria ela um conhecimento cultural mais elaborado, como alguns questionam? Como situar a geografia: no campo das ciências humanas? ou, das ciências da natureza? Ela estuda o espaço geográfico (o que é mesmo o espaço geográfico?) ou a organização do espaço?

A reflexão acerca desses questionamentos é bastante pertinente ao se iniciar a discussão proposta, pois é preciso que se tenha alguma segurança a respeito dos posicionamentos tomados enquanto postura conceitual em geografia já que estamos nos propondo a tratar de uma temática que não é de abordagem somente desta ciência. Para poder tratar mais livremente deste assunto, a reflexão proposta pode em muito contribuir para que o leitor não se perca nas muitas abordagens e interpretações/ligações que emanam da temática ambiental. Por falar em meio ambiente, é também bastante salutar nos questionarmos de qual meio(?) ambiente(?) vamos tratar, meio(?) ambiente(?) do ponto de vista somente da natureza, ou da natureza e sociedade conjuntamente? – neste último caso, será que estaríamos tratando apenas do meio (metade), ou inteiro como discute Carlos Walter Porto Gonçalves? Qual seria o ambiente/meio ambiente do conhecimento geográfico?

2. O AMBIENTALISMO GEOGRÁFICO DE CUNHO NATURALISTA (PRIMEIRO MOMENTO)

Para facilitar a compreensão de como o meio ambiente é tratado pela geografia em sua evolução, dividimos a história do pensamento geográfico em dois grandes momentos: o primeiro, que vai da origem da geografia como ciência no século XIX até meados dos anos 50/60 do século XX, e o segundo, que vai de meados dos anos 60 até os dias atuais. Cada um destes períodos teve características especiais e em cada um deles a temática ambiental foi tratada diferentemente, como se verá a seguir.

Neste capítulo trataremos do primeiro momento: o naturalista.

As características principais que marcam a abordagem da temática ambiental pela geografia neste período podem ser apresentadas, em linhas gerais, da seguinte forma: por *meio ambiente* se entende a descrição do quadro natural do planeta compreendido pelo relevo, clima, vegetação, hidrografia, fauna e flora dissociadamente do homem ou de qualquer sociedade humana.

As descrições feitas pelos geógrafos deste período pautaram-se pelo detalhamento das características físicas dos lugares, mensurando e catalogando-as, ao mesmo tempo que procurando explicações para suas dinâmicas e o estabelecimento de leis numa tentativa de sistematização dos conhecimentos apreendidos. O empirismo bastante forte, desenvolvido através dos trabalhos de campo, foi caracterizado nos primórdios da geografia pelas expedições científicas de europeus na própria Europa e em outros continentes.

As características deste início de produção científica do conhecimento geográfico refletem os princípios básicos da concepção positivista da realidade, elaborados por Augusto Comte, e que predominou em toda a produção científica geral do século XIX e meados do século XX.

A ORIGEM DA GEOGRAFIA MODERNA: A BASE NATURAL-SOCIAL

Os princípios básicos e os objetivos principais, assim como o objeto de estudo da geografia, desde sua origem como ciência, são de caráter eminentemente ambientalista. A geografia é, sem sombra de dúvida, a única ciência que desde sua formação se propôs o estudo da relação entre os homens e o meio natural do planeta – o meio ambiente atualmente em voga é propalado na perspectiva que engloba o meio natural e o social.

Observando-se a história da evolução da ciência moderna percebe-se que a geografia é a única ciência de cunho ambientalista *lato sensu* desde sua origem, sendo que as outras são mais específicas no tratamento da referida temática. Para se ter uma ideia, duas das ciências mais ligadas ao estudo da natureza, desde sua origem e em função de suas especificidades, desenvolveram seus estudos de maneira bastante diferenciada do que hoje se entende por meio ambiente: a *biologia*, por exemplo, embora produza inúmeros e valiosos conhecimentos para a compreensão do meio natural, jamais envolveu o homem enquanto ser social em sua análise, e a *ecologia*, proposta enquanto ciência somente nos anos 30 do século XX, está muito mais próxima do estudo da natureza dissociada do homem até porque seu pressuposto metodológico básico – o ecossistema – é de cunho eminentemente naturalista. Mesmo mais recentemente, introduzindo abordagens como a ecologia humana ou a ecologia urbana, ainda assim ela deixa muitas lacunas enquanto ciência que sozinha englobaria todo o tratamento do ambiente.

Contudo, não se pretende dizer que a geografia é a única ciência que sozinha consegue dar conta de toda a problemática que envolve o conhecimento do meio ambiente. Objetiva-se ressaltar e resgatar, neste esboço de reflexões, somente a profundidade do comprometimento e a responsabilidade que tem a ciência geográfica em toda a sua evolução histórica com a temática ambiental.

Para entender historicamente esta evolução, voltemos à origem da geografia. Os dois cientistas que lançaram as bases da geografia enquanto conhecimento científico, em meados do século XIX, foram os alemães Humboldt e Ritter. O primeiro era naturalista e fez viagens de observação científica pela América, África, Ásia e Europa, descrevendo suas características naturais de fauna, flora, atmosfera, formações aquáticas e terrestres. O segundo, filósofo e historiador, descrevia as várias organizações espaciais dos homens sobre os diferentes lugares. Juntando os dois conhecimentos, lançaram a ciência geográfica, tendo como objetivo a compreensão dos diferentes lugares através da relação dos homens com a natureza, sendo que para isso era necessário o conhecimento dos aspectos físico-naturais das paisagens, assim como dos humano-sociais. Percebe-se assim que nascia uma ciência preocupada diretamente com o que hoje se entende, de forma geral, por meio ambiente.

GEOGRAFIA DA NATUREZA E GEOGRAFIA DA SOCIEDADE

Na evolução do pensamento geográfico deste primeiro período aparecem inúmeros geógrafos que legaram importantes contribuições científicas para a compreensão do quadro natural (meio ambiente) do planeta e marcaram a historiografia deste período. Ratzel – embora tenha se destacado mais pela proposição da análise geopolítica –

deu continuidade à produção geográfica, seguindo mais ou menos a linha de Humboldt e Ritter. Ratzel produziu uma descrição dos lugares onde o natural e o humano se apresentavam dissociados, e tentou explicar o determinismo dos lugares sobre os homens como forma de escamotear a dominação cultural. A origem e desenvolvimento da geografia acadêmica enquanto arma para a consolidação do Estado germânico em formação, em meados do século XIX, é um aspecto que não abordaremos nesta oportunidade. Todavia, já neste período de nascimento da geografia moderna o ambientalismo era usado para fins de dominação, como ressaltou C. A. Figueiredo Monteiro:

> (...) na geografia expressa em língua inglesa, o sucesso anterior do "ambientalismo" levado por Semple e Huntington a extremos de determinismo insuspeitados pelo próprio Ratzel, ao alvorecer dos anos cinquenta já declinava a ponto de se considerar a obra de Griffith Taylor (1949) como o último alento de uma doutrina em extinção.

La Blache, contrapondo-se a Ratzel, propõe a corrente possibilista, mas também escamoteia a intenção de dominação dos povos brancos sobre os demais. Sua contribuição para a evolução do pensamento geográfico é marcante não somente porque faz uma abordagem regional, mas sobretudo porque acentua a separação entre elementos físico-naturais e elementos humano-sociais das paisagens. Nem mesmo sua proposta de análise regional conseguiu inter-relacionar o homem com o meio natural. Para este autor, o meio físico nada mais era que um suporte para o desenvolvimento dos grupos humanos; estes elementos pareciam não se relacionar, nem serem influenciados um pelo outro.

Aproveitando o divisionismo acentuado por La Blache, de Martonne aprofunda bastante a abordagem dos elementos naturais das paisagens e desenvolve o que aquele concebia como sendo geografia física, ou seja, a parte da geografia que se ocupa do tratamento dos aspectos naturais/físicos das paisagens sendo que, em todo este primeiro período, ficou compreendido que a geografia física é a parte da geografia que se ocupa do tratamento da temática ambiental por estar ligada à abordagem do quadro natural do planeta.

Ao aprofundar seus estudos, este último geógrafo ainda dividiu a geografia física em sub-ramos específicos, quais sejam: a *geomorfologia*, abordando as formas do relevo terrestre, tendo como base a geologia; a *climatologia*, abordando os climas do planeta, tendo como base a meteorologia; a *biogeografia*, abordando a vida animal e vegetal do planeta, tendo como base a *biologia*, e a *hidrografia*, abordando as águas superficiais continentais e oceânicas do planeta, tendo como base a engenharia hidráulica e a oceanografia. Estes sub-ramos, na produção deste último geógrafo e de todos que o seguiram até bem recentemente – a maioria dos geógrafos físicos – não faziam nenhuma, ou quase nenhuma, inter-relação entre os elementos naturais das paisagens. Isto se caracteriza como um claro reflexo da influência do método positivista na produção científica do primeiro período. É como se os elementos naturais não se inter-relacionassem na elaboração das diferentes paisagens descritas e explicadas por tais geógrafos.

O *Tratado de Geografia Física* de Emmanuel de Martonne ilustra muito bem as características deste primeiro momento, pois nele os sub-ramos da geografia física estão distribuídos em capítulos como se fossem gavetas incomunicáveis entre si; é como se a vegetação, clima, relevo e formações líquidas não interagissem na elaboração das diferentes paisagens do planeta.

Aproximadamente quarenta anos decorreram até que tais abordagens começassem a ser alteradas e, graças à proposição da abordagem das paisagens a partir de uma perspectiva dinâmica por A. Penck e A. Chorley (engendrando a noção de ciclicidade e dinamismo nos estudos de geomorfologia), e de A. Strahler sobre climatologia, os estudos de geografia física deram considerável salto qualitativo, embora ainda longe de inserir o homem como agente modificador das paisagens.

A TENTATIVA AMBIENTALISTA DE RECLUS

O esforço de E. Reclus em produzir, ainda no final do século XIX, uma geografia de cunho ambientalista como a que se pretende produzir atualmente, foi algo bastante louvável, pois ele soube unir a militância política de cunho marxista a uma pretensa ciência – ponte entre o homem e a natureza. Não é de espantar que em meio a um mundo científico e social de cunho positivista elementar, sua obra – assim como o marxismo – não tivesse aceitação e permanecesse inédita por quase cinquenta anos (só sendo editada nos anos 60 do século XX). Que grande salto na história das ciências ambientais, sobretudo da geografia, teriam os geógrafos dado se tivessem sabido aproveitar a genialidade do pensamento de Reclus!

Ao se falar desta parte da história da geografia, tão marcada pelo método positivista, e ao nos depararmos com obra tão original como esta, principalmente pela linha analítica, devemos abrir um parêntese para discutir um movimento que muito recentemente marcou o cenário de discussões geográficas, principalmente no meio universitário brasileiro. Trata-se daquela postura de um grupo de geógrafos humanos – partimos do pressuposto de que estes existem, já que existem os geógrafos físicos – que, a partir de meados dos anos 60, têm insistentemente afirmado que a geografia física não é geografia, principalmente a do período que ora abordamos. Essa postura sustenta que aquele estudo da natureza dissociado da sociedade, ou qualquer estudo da natureza que não a considere enquanto mercadoria, feito pelo geógrafo, não é geografia.

Tal postura, desenvolvida mais fortemente entre os adeptos da chamada "Geografia Radical" – de cunho marxista ortodoxo – é no mínimo injusta para com aqueles que propuseram e desenvolveram a ciência geográfica até aproximadamente os anos 50 do século XX, para não tachá-la com adjetivos depreciativos; ao se afirmar que aquele conhecimento da distribuição espacial da natureza não é geografia deduz-se que somente o outro, relativo ao homem e sua sociedade, o é. Se assim fosse, o pensamento geográfico sairia certamente empobrecido: seria uma outra ciência, completamente distinta da que se desenvolveu.

É no mínimo contraditório, o fato de este movimento ter se originado entre geógrafos marxistas, pois esta corrente de pensamento sempre atacou veementemente o positivismo em função do apelo ao cientificismo exacerbado e pelo fato de somente considerar ciência aquele conhecimento produzido segundo seus princípios básicos; tais marxistas, ao assim procederem – ou seja, afirmando que somente era geográfico aquilo que se produzisse conforme suas considerações – foram tão positivistas quanto os próprios geógrafos positivistas...

Esta discussão a respeito do positivismo na geografia abre todo um debate acerca da produção científica geral até meados do século XX, e é preciso estar bem alerta para não se deixar enganar por discursos mais comprometidos com uma ideologia que pode distorcer a compreensão da realidade. Vale a pena tentar a transparência da crítica.

É preciso refletir sobre a seguinte questão: qual a ciência que, até meados dos anos 50 do século XX, não foi de cunho positivista enquanto método predominante na sua produção? Certamente nenhuma. Então é preciso que também questionemos: poderia a geografia não ter sido de cunho positivista naquele período? Sem sombra de dúvida que a resposta é negativa pois, como vimos, uma das únicas tentativas – aquela de Reclus, sem falar na de Max Sorre – foi arquivada durante muito tempo. Não se trata aqui de querer defender cegamente aquele conhecimento geográfico produzido no período em pauta, mas de procurar entender a origem de suas características, aceitando-o como fruto de um momento histórico e como base precursora para o que se tem hoje em termos de geografia, inclusive a chamada "Geografia Crítica".

GEOGRAFIA FÍSICA: GEOGRAFIA AMBIENTAL?

Nos anos 50, com o surgimento da nova geografia, a geografia física como que se revitaliza devido aos pressupostos do neopositivismo – que bem caracterizam esta nova etapa do pensamento geográfico – terem sido amplamente aplicados a este sub-ramo da ciência em análise. Nesta fase, a natureza – entenda-se meio ambiente – tratada pela geografia física, recebe então uma abordagem fortemente carregada pela teoria dos sistemas, resultando na sua modelização e numerização. Na sequência desta etapa aparece, proposto por V. Sotchava no início dos anos 60, o *geossistema* como abordagem metodológica da geografia física para o tratamento do quadro natural do planeta, embora ainda pelo próprio cunho positivista dissociado da sociedade.

Por mais criticável que seja a proposta da metodologia geossistêmica, deve-se reconhecer o seu avanço em termos de proposição metodológica global para os estudos de geografia física, sobretudo quando se observa sua evolução ao ser resultante das tentativas de aplicação da Teoria Geral dos Sistemas à análise do meio natural pela geografia; também, pela aproximação da mesma à metodologia ecossistêmica.

A aplicação da referida metodologia, no período abordado, foi muito mais marcante na geografia física soviética, sendo que importantes resultados foram produzidos no tocante ao conhecimento do território da considerável extensão de terras que formavam a União Soviética; também, na Alemanha Oriental muitos trabalhos foram desenvolvidos aplicando a metodologia geossistêmica.

Embora a geografia norte-americana tenha sido uma das mais fortemente marcadas pela corrente teórico-quantitativista dos anos 50/60 (*New Geography*), o geossistema quase não aparece como opção metodológica para os geógrafos norte-americanos. Eles deram continuidade à produção de estudos dos aspectos físicos dentro ainda de uma concepção davisiana/demartoneana, porém, empregando quase exageradamente a modelização e a quantificação das paisagens. Este período marca também o emprego da informatização na compreensão das diferenciações do espaço geográfico.

Do período em questão, em seu primeiro momento, são exemplos no Brasil as produções de Aroldo de Azevedo, Lysia Bernardes, Dora de Amarante Romariz, e outros que desenvolveram os pressupostos para o conhecimento do meio ambiente brasileiro como se anseia atualmente. É preciso que se assinale – antes de passarmos para a discussão do segundo momento – que o meio ambiente, do ponto de vista da sociedade e da ciência, era entendido antes dos anos 50/60, como a natureza do planeta com todos os seus elementos componentes e que a geografia, assim como a biologia, a geologia e outras foram todas ciências ambientais naquele período.

O que se compreende hoje como meio ambiente – elementos naturais e sociais conjuntamente – faz parte da origem da geografia e isso lhe confere o mérito de ter sido a primeira das ciências a tratar do meio ambiente de forma mais integralizante. Ante o exposto há que se frisar que deste primeiro período a geografia física é o sub-ramo dentro do qual o meio ambiente/natureza foi academicamente desenvolvido.

3. AS CONTINGÊNCIAS MUNDIAIS PARA A ECLOSÃO DA CONSCIÊNCIA AMBIENTAL NO SÉCULO XX

Para compreender as transformações ocorridas no seio da ciência geográfica, que deram origem à nova forma de tratar o meio ambiente, na atualidade, é preciso que analisemos algumas contingências que marcaram o cenário mundial entre os anos 40 e 60 do século XX; tais contingências tiveram reflexos na ordem econômica, social, política, científica e tecnológica da segunda metade do século XX. Dentre as mais importantes, destacamos nesta abordagem as seguintes:

SEGUNDA GUERRA MUNDIAL

Os conflitos armados significam, em geral, a impossibilidade de resolver problemas através do diálogo e negociações e sempre fizeram parte das formas de determinadas sociedades atingirem o poder sobre alguma outra organização social.

Das inúmeras guerras que permearam a evolução da sociedade ocidental a mais importante foi, sem sombra de dúvida, a Segunda Guerra Mundial, seja pelo impacto causado em toda a humanidade ao revelar a capacidade de destruição das armas construídas pelo homem e a desolação geral decorrente, seja pelo que ela suscitou em termos de necessidade de garantir a paz.

Durante os anos que compreendem o período 1939-1945, o ataque contínuo a áreas específicas da Europa e Ásia revelou o real objetivo daquele conflito: a dominação de áreas para consolidar posição de mando.

Terminado o grande conflito, o palco em que ele se desenvolveu ficou impregnado de sua passagem: a destruição quase completa de seus elementos. A população que sobreviveu ao conflito teve como primeira função recuperar e reconstruir essas áreas, até porque as condições básicas de higiene, alimentação e moradia, estavam seriamente comprometidas.

Após o grande conflito nascem, de maneira gradual e lenta, algumas iniciativas na Europa e Estados Unidos com o objetivo de preservar o meio ambiente e garantir a paz como forma de relacionamento entre os homens. Estava criada a base para o nascimento dos movimentos ecológicos que também lutam pela paz a partir dos anos 50, tendo seu apogeu nos anos 60 e 70. Pode-se dizer, em linhas gerais, que as primeiras grandes manifestações sociais relativas à preocupação com o meio ambiente foram estas decorrentes do pós-guerra.

Ainda no tocante às guerras, a dos Estados Unidos contra o Vietnã nos anos 60, utilizando todo um potencial bélico e computadores (sem levar aqui em consideração a destruição ambiental, o genocídio e a barbárie que a revestiu) foi um dos importantes agentes para o fortalecimento da luta dos jovens e ecologistas em defesa de um mundo mais fraterno e com maior respeito ao meio ambiente. (O que dizer da guerra do Golfo, em 1991???!!! Será que os países desenvolvidos/ricos estão realmente preocupados com o meio ambiente???!!! Se estão, com que tipo/qual ambiente???!!!)

A GLOBALIZAÇÃO DAS ECONOMIAS CAPITALISTA E SOCIALISTA: O IMPERIALISMO

As quatro décadas que se seguiram à Segunda Guerra Mundial foram caracterizadas pela formação de dois blocos internacionais de poder antagônicos: a URSS (socialista) e os EUA (capitalista), sendo que ambos desenvolveram uma política econômica de caráter imperialista sobre suas áreas de dominação; a "guerra fria", que tão fortemente marcou este período, desenvolveu o medo, a insegurança e a crença em um fim muito próximo da humanidade em função do caráter de armamentismo bélico e destruições que a mesma encerrou.

A realidade dos problemas sociais gerais, e dos ambientais particularmente, dentro dos países socialistas ainda é muito pouco conhecida no mundo capitalista, sendo que somente alguns fatos tornaram-se amplamente conhecidos depois da queda do "muro de Berlim", em 1989; este fato dificulta a abordagem da problemática ambiental dentro dos países ex ou ainda socialistas pois, a incipiente abertura daquela sociedade para o mundo ainda não permitiu conhecimento aprofundado da mesma. Diante de tais dificuldades só nos resta tratar mais diretamente de aspectos ligados ao mundo capitalista.

Grandes vitoriosos no conflito mundial, os Estados Unidos da América desenvolveram, imediatamente, todo um sistema de internacionalização de sua economia, desta feita caracterizado por uma superproteção do mercado interno, tendo como contrapartida uma superexploração do mercado externo, levando até aos países não industrializados seus principais ramos industriais acompanhados de toda forma de dominação cultural e ideológica possível.

Muito diferentemente de sua atuação intranacional, as multinacionais, ao explorarem os homens e os recursos naturais dos países dependentes, então denominados de Terceiro Mundo, não tiveram a mínima preocupação em garantir a qualidade de vida e do ambiente, interessadas somente na reprodução do capital, salvo em raras exceções.

Diante desta realidade, em construção nos últimos quarenta anos, é muito facilmente compreensível o fato de o ambiente dos países em vias de desenvolvimento atingir, na atualidade, o elevado estágio de degradação no qual se encontra.

Zona portuária de Manaus/AM.
Exemplo de local onde as condições de qualidade de vida e do ambiente se encontram consideravelmente degradadas... (Foto do Autor).

Através de toda uma política de "desenvolvimentismo econômico" voltada ao mercado externo e patrocinada por alguns poucos países (os sete mais ricos hoje?), sobretudo pelos Estados Unidos, os países em desenvolvimento se viram forçados a "entregar" o que de mais precioso dispunham em termos de seus recursos naturais (minerais, solo, vegetação) e seus valores culturais e importar modelos completamente discordantes de suas realidades.

Neste mesmo imediato período do pós-guerra – anos 50/60 – exportaram-se inúmeras "indústrias sujas" para os países do Terceiro Mundo; nas décadas seguintes, lixo urbano-industrial tóxico, em especial para a África e América Latina. Nesta década de 1960 grande parte da África foi atingida por uma catástrofe socioecológica que demonstra as características do imperialismo capitalista que tão gravemente gera condições lastimáveis de degradação do ambiente.

Em busca do acréscimo da produtividade de matérias-primas muito se destruiu em termos de sociedade e de ambiente dos países subdesenvolvidos ou em desenvolvimento, e a industrialização – que neles deveria promover desenvolvimento social – acabou por garantir a situação de dependência atual onde estão presentes desemprego, analfabetismo, êxodo rural, epidemias, violência, subnutrição, degradação ambiental, etc. e onde a luta em defesa do meio ambiente não consegue – e por coerência nem deveria – suplantar lutas por direitos básicos de vida e cidadania.

A EXPLOSÃO DEMOGRÁFICA

Mesmo tendo a Segunda Guerra Mundial resultado num grande número de mortes, ainda assim não impediu a aceleração do crescimento da população mundial que nos anos 60 e 70 registrou uma alarmante explosão demográfica. As cifras mais representativas, que na somatória

A desigualdade de distribuição de riquezas decorrente das relações de produção capitalistas tem levado um número cada vez maior de pessoas a sobreviver em condições de miséria total.
(Mendigos da cidade de Cochabamba/Bolívia − Foto do Autor.)

total acusavam o tal crescimento populacional provinham dos então países de Terceiro Mundo. Além desta distribuição desigual acrescentava-se a maior concentração populacional nas cidades – o incremento da urbanização, fruto de um êxodo rural sem precedentes na história da humanidade.

Se a explosão demográfica decorreu, por um lado, do desenvolvimento da medicina e da farmacoterapia, por outro evidenciou as disparidades originadas pela desigualdade na distribuição de recursos e rendas tanto em nível internacional quanto intranacional e, nestas condições, os extremos de minoria privilegiada e maioria desassistida se tornaram bastante claros, mesmo nas estatísticas mais manipuladas.

O mito da explosão demográfica foi utilizado para várias formas de dominação, porém serviu, sobretudo, para chamar a atenção da sociedade para o fato de que a Terra e os seus recursos eram finitos, o que até então não estava entre as preocupações mais importantes daquele período. A partir desta constatação os demógrafos, os economistas e os muitos estudiosos da relação populacional e recursos passaram a calcular quantos milhões de seres humanos o planeta ainda poderia suportar. Diretrizes e propostas das mais variadas concepções foram elaboradas, boa parte delas versando sobre a premência de se desenvolver planos de controle populacional dentro dos países não desenvolvidos, sem se preocupar, porém, com a questão da distribuição da riqueza, tão absurda quando se compara os países desenvolvidos e os não desenvolvidos.

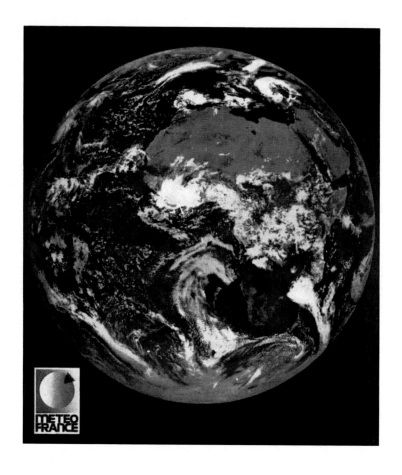

No final dos anos 60 o homem, pela primeira vez, pôde ver a Terra da Lua... A entrada do homem na era espacial provocou mudanças fundamentais nas concepções até então vigentes.
(Foto: Imagem satélite CMS/ORSTOM-FR.)

Embora genérica e superficialmente, chamou-se a atenção para o fato de que determinados recursos naturais eram esgotáveis e que, uma vez explorados a esmo, sua reposição estaria dissonante com a escala de evolução do homem. Isto serviu de reforço às lutas ecológicas do período, uma vez que suas ideologias defendiam posições contrárias ao malthusianismo.

As discussões que, em linhas gerais, apontavam para o fato de o planeta Terra estar manifestando os limites de exploração de seus recursos, foram sobejamente reforçadas pela chegada do homem à Lua. Pela primeira vez em sua história – 1969 – o homem pôde ver o seu planeta a partir de fora. Este fato significou muito mais que a comprovação da capacidade de criação e progresso tecnológico da humanidade. Além de comprovar o que anteriormente colocamos como limites do planeta, provocou questionamentos gerais acerca de crenças religiosas e ideológicas. Este evento impulsionou a ciência e a técnica para muito além das visões cartesianas, metafísicas e idealistas presentes na sociedade tão marcadamente positivista de então.

SECA/FOME/DESERTIFICAÇÃO NA ÁFRICA

Os anos 60 e início dos 70 foram anos de muitas dificuldades para os povos africanos habitantes, principalmente, das áreas que bordejam o deserto do Saara – Sahel –

devido ao período de acentuada seca que se abateu sobre a região. Não descartando as implicações de ordem natural daquele fenômeno, deve-se observar que o aumento de seres humanos e suas manadas passou a pressionar muito fortemente o frágil ecossistema local e regional, o que resultou na considerável expansão anual do deserto sobre aquelas regiões.

Ocorreu também o processo de expulsão paulatina dos grupos humanos para áreas mais desérticas, forçados pela entrada dos colonos provenientes dos países desenvolvidos à procura de novas e abundantes reservas de matérias-primas e, ao mesmo tempo, de novos mercados consumidores. Durante aqueles anos marcados pela seca muitos seres humanos, principalmente crianças, perderam suas vidas nas mais miseráveis condições de higiene e alimentação, enquanto se assistia ao desenvolvimento das sociedades de consumo americana e europeia, baseadas na propriedade e no bem-estar individual em detrimento de condições de vida socialmente igualitárias.

As contradições sociais observadas naquele momento também se constituíram em armas que reforçaram as lutas pela vida com qualidade; pelo ambiente sadio; pelo direito de todos a uma vida melhor.

Em termos gerais, o problema africano serviu para denunciar o estado de coisas que estava se alastrando por todo o mundo, sobretudo o agravamento das condições de subdesenvolvimento, o que significava uma ameaça quanto às questões ambientais globais.

MOVIMENTOS SOCIAIS GERAIS

Muitos movimentos sociais marcaram os anos 50 e 60 mas, em termos de representatividade enquanto agentes de rápidas e profundas transformações de comportamentos e concepções sociais, nem todos tiveram a mesma abrangência. Alguns, porém, mais ligados à ação dos jovens e estudantes e, por conseguinte, preocupados com o meio ambiente, devem ser destacados.

O movimento *hippie* foi, sem sombra de dúvida, um dos mais marcantes do referido período, seja na forma de contestação quanto a tão rígida e normatizada sociedade que impunha um comportamento por demais disciplinado à juventude, seja pela proposição da volta do homem à natureza, uma sólida e eficaz contestação à sociedade eletrônica em formação segundo o "American way of life".

O "paz e amor" como *slogan* geral aliado à alimentação natural e o retorno à vida no campo, se constituíram em significativa reorientação de formas de vida. Assimilaram fragmentos de condutas orientais, sobretudo a relação do homem com seu meio baseada muito mais no culto ao espírito do que na matéria. Isso estava em completa desarmonia com a sociedade ocidental, tão fortemente marcada pelo consumismo. Observando-se a intensidade com que tais manifestações foram desencadeadas e a brusca ruptura na continuidade dos consagrados padrões sociais de então, fica fácil compreender por que o movimento *hippie* foi tão veementemente combatido.

Nos países não desenvolvidos os movimentos sociais em defesa dos direitos de cidadania têm sido cada vez mais frequentes e mais duramente reprimidos.
(Passeata de mulheres em defesa dos maridos mineiros. Cuzco/Peru, 1985. – Foto do Autor.)

Constituindo-se como o marco principal das manifestações estudantis dos anos 60 o "Maio de 1968", principalmente o ocorrido na França, assegurou aos acadêmicos e à juventude em geral ganhos fundamentais de liberdade dentro das instituições, ao mesmo tempo em que marcou o início de toda uma nova era com relação a aberturas e avanços no processo de ensino-aprendizagem de forma participativa e integrativa.

O movimento estudantil, que teve sua origem principalmente dentro das instituições de ensino superior, galgou os outros níveis e outras formas de organização social, disseminando todo um ideal de liberdade e participação organizada como forma de transformações sociais jamais vistas junto aos jovens.

Os professores que caminharam de acordo e juntamente com o referido processo puderam interferir diretamente nas transformações e intervir juntamente com os estudantes no processo de mudanças. Se na França e em outros países os sucessos obtidos com tais manifestações tiveram resultados rápidos, no Brasil, a despeito das inúmeras e valiosas tentativas, muito pouco se conseguiu em termos de democratização do ensino, em função do sistema militar ditatorial que, exatamente naquele ano, buscava mais fortalecimento através de intervenções diretas nas lutas por abertura e participação popular na condução do governo do país.

A realização da Primeira Conferência Mundial do Desenvolvimento e Meio Ambiente, em 1972, em Estocolmo, constituiu-se em importantíssimo evento sociopolítico voltado ao tratamento das questões ambientais; se aquele evento significou, por um lado, a primeira tentativa mundial de equacionamento dos problemas ambientais, por outro, significou também a comprovação da elevada degradação em que a biosfera já se encontrava.

Poder-se-ia imaginar que em função daquele evento as ações concernentes ao meio ambiente terrestre seriam, a partir de então melhor orientadas e o ambiente do planeta apresentaria sensíveis melhoras em termos de qualidade.

No entanto, isso não aconteceu e a ação depredadora das relações de produção capitalista, mais acentuadamente que a socialista, engendrou tamanha destruição no patrimônio ambiental do planeta que se tornou necessária a realização de uma Segunda Conferência. Esta ocorreu tardiamente, vinte anos depois, em junho de 1992, no Rio de Janeiro.

A escolha da cidade do Rio de Janeiro para sediar a conferência mundial foi muito acertada, pois o cenário apresentado tanto pela cidade, quanto pelo país, se constitui em excelente exemplo de como as relações sociais se encontram deterioradas; de como as relações de dependência entre Norte/desenvolvido e Sul/não desenvolvido/ subdesenvolvido são prejudiciais à vida do homem e à natureza... à Terra. A onda de sequestros e epidemias, assim como o tráfico internacional de drogas, por pouco não inviabilizaram a realização da conferência. Possam estes testemunhos de degeneração social ter provocado a reflexão dos conferencistas, sobretudo no âmbito político, para as reais causas e consequências da degradação ambiental!!!

A participação de alguns países nesta segunda conferência foi, entretanto, lastimável. O caso mais gritante foi registrado pela recusa dos Estados Unidos em assinar o Acordo Internacional da Biodiversidade, que asseguraria um tratamento mais sério ao meio ambiente. Esta atitude se configura numa verdadeira afronta ao empenho internacional por novas posturas para o equacionamento dos problemas ambientais para o presente e o futuro. O nome do presidente George Bush e o dos Estados Unidos da América passaram, assim, para a história da humanidade como os verdadeiros vilões da boa qualidade de vida do planeta.

As deliberações gerais da Segunda Conferência Mundial do Desenvolvimento e Meio Ambiente, porém, não avançaram em muito em relação àquelas aprovadas na Primeira Conferência – transcritas a seguir. O que se espera, muito mais do que há vinte anos, é que tais deliberações, ao contrário daquelas aprovadas em Estocolmo, sejam postas em prática por todos os países. Somente com o cumprimento das convenções internacionais estabelecidas durante a referida conferência é que se poderá acreditar que alguma coisa em prol da vida futura na Terra estará sendo gestada com seriedade.

DECLARAÇÃO SOBRE O MEIO AMBIENTE

1) O homem é a um só tempo obra e artífice do meio que o rodeia, o qual lhe dá sustento material e a oportunidade de desenvolver-se intelectual, moral, social e espiritualmente. Na longa e tortuosa evolução da raça humana neste planeta, chegou-se a uma etapa em que, graças à rápida aceleração da ciência e da tecnologia, o homem adquiriu o poder de transformar, de inumeráveis maneiras e numa escala sem precedentes, tudo quanto o rodeia. Os dois aspectos do meio ambiente, o natural e o artificial, são essenciais para o bem-estar do homem e para o gozo dos direitos humanos fundamentais, incluído o direito à própria vida.

2) A proteção e melhoramento do meio ambiente é uma questão fundamental que afeta o bem-estar dos povos e o desenvolvimento econômico do mundo inteiro, um desejo urgente dos povos de todo o mundo e um dever de todos os governos.

3) O homem deve fazer constante recapitulação de sua experiência de continuar descobrindo, inventando, criando e progredindo. Hoje em dia, a capacitação do homem de transformar o que o cerca, utilizada com discernimento, pode levar a todos os povos benefícios do desenvolvimento e oferecer-lhes a oportunidade de enobrecer sua existência. Aplicada errônea ou imprudentemente, pode causar danos incalculáveis ao ser humano e seu meio. Em redor de nós vemos multiplicarem-se as provas do dano causado pelo homem em muitas regiões da Terra: níveis perigosos de contaminação da água, do ar, da terra e dos seres vivos; grandes transtornos do equilíbrio ecológico da biosfera: destruição e esgotamento de recursos insubstituíveis e graves deficiências nocivas à saúde física, mental e social do homem, no meio por ele criado, especialmente naquele em que vive e trabalha.

4) Nos países em desenvolvimento, a maioria dos problemas ambientais são motivados pelo subdesenvolvimento. Milhões de pessoas continuam vivendo aquém dos níveis mínimos necessários para uma existência humana decorosa, privadas de alimentação e vestuário, moradia e educação, de saúde e higiene adequados. Por isto, os países em desenvolvimento devem dirigir seus esforços no sentido de desenvolvimento, tendo presentes suas prioridades e a necessidade de salvaguardar e melhorar o meio. Com o mesmo fim, os países industrializados devem esforçar-se por reduzir a distância que os separa dos países em desenvolvimento. Nos países industrializados, os problemas ambientais estão geralmente relacionados com a industrialização e o desenvolvimento tecnológico.

5) O crescimento natural da população coloca incessantemente problemas relativos à preservação do meio, e devem adotar-se normas e medidas apropriadas, conforme o caso, para enfrentar esses problemas. De todas as coisas do mundo, os seres

humanos são o que há de mais valioso. São eles que promovem o progresso social, desenvolvem a ciência e a tecnologia e, com seu duro trabalho, transformam continuamente o meio humano. Com o progresso social, e os avanços da produção, a ciência e a tecnologia, a capacidade do homem para melhorar o meio aumenta a cada dia que passa.

6) Chegamos a um momento da História em que devemos orientar nossos atos em todo o mundo, atentando com a maior solicitude para as consequências que possam ter quanto ao meio. Por ignorância ou indiferença, podemos causar danos irreparáveis e imensos ao meio terráqueo de que dependem nossa vida e nosso bem-estar. Pelo contrário, com um conhecimento mais profundo e ação mais prudente, podemos conseguir para nós e os pósteros, condições de vida melhores em um meio mais em consonância com as necessidades e aspirações do homem. As perspectivas de elevar a qualidade do meio e de criar uma vida satisfatória são grandes. O de que se necessita é entusiasmo, mas, também, serenidade de ânimo; trabalho afanoso, porém sistemático. Para chegar à plenitude de sua liberdade dentro da natureza, deve o homem aplicar seus conhecimentos em forjar, de harmonia com ela, um meio melhor. A defesa e o melhoramento do meio humano para as gerações presentes e futuras têm-se convertido em meta imperiosa da humanidade, que há de perseguir-se ao mesmo tempo que as metas fundamentais já estabelecidas da paz e do desenvolvimento econômico e social em todo o mundo, e de conformidade com elas.

7) Para se chegar a essa meta, será mister que cidadãos e comunidades, empresas e instituições, em todos os planos, aceitem as responsabilidades que lhes incumbem e que todos participem equitativamente no trabalho comum. Homens de todas as condições e organizações de diferente índole

plasmarão, com a contribuição de seus próprios valores e a soma de suas atividades, o meio ambiente do futuro. Corresponderá às administrações locais e nacionais, dentro das respectivas jurisdições, a maior parte da carga quanto ao estabelecimento de normas e aplicação de medidas em grande escala sobre o meio. Também se requer a cooperação internacional com o objetivo de angariar recursos que ajudem os países em desenvolvimento a cumprirem o que lhes incumbe nesta esfera. E há um número cada vez maior de problemas relativos ao meio que, por serem de alcance regional ou mundial, ou por repercutirem no âmbito internacional comum, requererão ampla colaboração entre as nações e adoção de medidas pelas organizações internacionais no interesse de todos. A Conferência encarece aos governos e aos povos que unam seus esforços para preservar e melhorar o meio humano em benefício do homem e de sua posteridade.

Estocolmo/1972

A ABERTURA DO CONHECIMENTO CIENTÍFICO: O SALTO QUALITATIVO DA GEOGRAFIA

No âmbito das ciências, as correntes de pensamento contrárias ao positivismo, que se desenvolviam com enormes dificuldades nas décadas anteriores, foram – na década de 1960 – fortalecidas em termos ideológico-filosóficos, principalmente nas ciências humanas.

Os professores que se aliaram às manifestações dos estudantes foram também expoentes no processo de aplicação

Quadro apresentado por P. Claval (1984) mostrando a "Revolução dos anos 50 e 60" no pensamento geográfico. Observa-se, a partir dos anos 60, certa orientação da geografia em direção ao tratamento do ambiente (ecologia).

	1945	1950	1960
Inovações técnicas	Computadores ——————————————————— Cibernética ——————————— Teoria dos sistemas Teledetecção ———		
Ferramentas matemáticas	Teoria dos jogos, análise fatorial, teoria dos grafos ———————		
Correntes filosóficas	Positivismo lógico ——————— Existencialismo ————————————— Teoria de Kühn ——— Escola radical de Frankfurt ——————— Epistemologia crítica ———		
Ciências sociais	Antropologia cultural americana ——— Antropologia social britânica ——— Antropologia estruturalista francesa ——— Linguística moderna ——————————— Sociologia política ——— Teoria da comunicação ——— Teoria sociológica de Parson ——— Teoria da localização ——— Ciência regional ————— Teoria das externalidades ——— Análise das organizações ———		

Geografia	Tentativas de renovação francesa SORRE, LE LANNOU, CHOLLEY, GEORGE		
	Tentativas de renovação alemãs TROLL, BOBEK, HARTKE		
	Tentativas americanas de renovação SAUER, HARTSHORNE		
	SHAFEER		Grupo sueco
	HAGERSTRAND (difusão)		Geografia teórica
	ULLMAN (circulação)		Grupo de Chicago
			Geografia quantitativa
	Grupo de Seattle		Grupo britânico
	ULLMAN, BERRY, GARRISON		Grupo francês
			A percepção
			Comportamento
			Imperfeição racional
			Geografia ecológica
Ciências naturais	LINDEMAN		Fundamentos de Ecologia
Demandas Sociais	Crescimento econômico		
	Planificação urbana		
	Desigualdades de desenvolvimento		Meio ambiente
	Conservação dos recursos		Justiça social

(Tradução: Mendonça, F.A.)

de novas concepções teórico-metodológicas nas ciências e responsáveis pelo salto qualitativo na abordagem das diferentes realidades até então vistas predominantemente sob a luz do positivismo.

O marxismo, primeiramente nos países com sociedade mais aberta como a França, foi amplamente empregado como paradigma de análise em todas as ciências que compõem o campo das humanidades e, desta forma, o salto qualitativo e quantitativo dessas ciências foi de envergadura sem precedentes, o que caracteriza e justifica o considerável desenvolvimento atual deste campo do conhecimento.

No âmbito da ciência geográfica, a publicação na França do livro *A geografia serve antes de mais nada para fazer a guerra*, do geógrafo e militante Y. Lacoste, foi importantíssimo marco que retratou a aplicação de concepções ideológico-políticas aos estudos de geografia, ciência até então positivista. Assumia-se o enfoque de conhecer os diferentes lugares sem preocupação com a utilizável e estratégica força que existe no desvendamento dos mesmos.

Mesmo se ligando mais aos estudos de geografia humana, Lacoste provocou questionamentos profundos entre os geógrafos físicos, acusando-os de atrasados em relação à evolução de sua ciência e de estarem fazendo a geografia da dominação. Os resultados de tais provocações se fizeram sentir principalmente na década de 1970, quando se percebe uma marcante reorientação nos trabalhos e estudos produzidos sob o rótulo de geografia física.

4. AMBIENTALISMO GEOGRÁFICO ENGAJADO NA TRANSFORMAÇÃO DA REALIDADE (SEGUNDO MOMENTO)

A NOVA ABORDAGEM DO MEIO AMBIENTE

Neste capítulo abordaremos o segundo momento do ambientalismo geográfico. A aplicação do marxismo à geografia e seu desenvolvimento se deu muito marcadamente no ramo afeto ao estudo da sociedade – a geografia humana, o que a fez suplantar o campo de estudos mais voltado para a natureza – a geografia física –, em termos de maior evidência quanto a ser a vanguarda da ciência em questão.

As mudanças ocorridas no pensamento geográfico nos anos 60, 70 e 80 são testemunhadas nas publicações onde se observa o desenvolvimento da conhecida corrente da "Geografia Radical" de cunho marxista a qual, por um representativo espaço temporal, orientou as concepções geográficas desenvolvidas. No entanto, extremamente voltada para o estudo da organização do espaço e sua compreensão à luz das relações sociais de produção através da estrutura de classes sociais e da obtenção de mais-valia, tal geografia não inseriu o tratamento das questões ambientais no seu temário de preocupações ou, quando o fez, o fez de maneira bastante pobre.

AS LIMITAÇÕES DO MARXISMO NA ANÁLISE AMBIENTAL

O sub-ramo geografia humana foi o "carro-chefe" da geografia marxista – geografia radical e, em grande parte da geografia crítica –, sendo que a forte proximidade com a sociologia, história e economia política foi algo bastante grave e perceptível quando se observa um total esquecimento ou abordagem do suporte físico-territorial sobre o qual são processadas as atividades sociais. Esse fato lhes conferiria um caráter mais geográfico e a crítica à não abordagem da sociedade pela geografia física vai na mesma direção.

A produção de trabalhos em geografia humana que dão especificidade ao tratamento do meio ambiente é bastante fraca. Alguns têm tentado conjecturas teóricas acerca de concepções ambientalistas e discutido a necessidade de enfocar as relações de produção da sociedade. Em termos de pesquisa prática, os exemplos são escassos e este fato encontra sua justificativa na tardia aceitação, por parte dos geógrafos humanos críticos, dos limites do marxismo enquanto paradigma único para a compreensão das diferentes realidades do planeta. A esse respeito, A. C. Robert Morais foi bastante claro:

(...) Em termos de um horizonte um pouco maior de aplicação, poder-se-ia lembrar as perspectivas marxistas, estruturalistas e fenomenológicas, que limitam seu alcance explicativo ao domínio dos fenômenos sociais, desconhecendo projeções no campo das ciências naturais.
A história do marxismo ilustra com clareza este ponto. As tentativas de expandir seu alcance para além dos estudos sobre a sociedade revelaram, na opinião de comentaristas abalizados, desvios positivistas com o empobrecimento do componente dialético de tal método. (...)

(...) Assim, é cada vez mais enfática a defesa do materialismo histórico e dialético como método exclusivo das ciências da sociedade, aplicável à sua gama de especializações. (...)

(...) O marxismo é um método restrito às ciências sociais, onde conhece uma ampla difusão. Alfred Schmidt mostrou, em interessante estudo, a inexistência de uma perspectiva ontológica a respeito da Natureza no interior da obra de Marx. Nesta, os fenômenos naturais nunca são enfocados em seu movimento intrínseco, porém abordados enquanto recursos para a vida humana. Assim, é uma "natureza para o homem" que sempre está em foco nas considerações marxianas. Notadamente, ele discute as condições naturais em seu envolvimento com os processos produtivos como "pressuposto geral de toda a produção". Segundo Marx, a matéria ambiental preexiste ao trabalho humano, sendo nesse sentido o seu "objeto universal".

Ao se identificar as limitações do marxismo enquanto método exclusivo para a análise da temática ambiental, deve-se aprofundar a reflexão, e também identificar as dificuldades. Deve-se, inclusive, observar a contradição da aplicação de um método científico de caráter holístico a uma realidade fortemente positivista e fragmentada, em que os ramos do conhecimento existem independentemente uns dos outros.

Na proposta marxista, o ambiente deve ser entendido segundo a lógica do sistema de produção social e, desta forma, abordado dentro de uma análise mais globalizante. As limitações desse método são facilmente compreensíveis pois, numa realidade positivista como a da atualidade, o conhecimento é fragmentado e as tentativas de abordagem mais globais são suplantadas pelas de caráter mais específico. Entretanto, aquelas tentativas que têm utilizado, no seu desenvolvimento, o marxismo para a análise da dimensão social e outros métodos para a dinâmica natural, têm apresentado bons resultados e melhores diretrizes para a melhoria da qualidade de vida que aquelas baseadas somente em pressupostos positivistas.

Se o marxismo, enquanto método exclusivo, revelou-se limitado quanto ao tratamento mais globalizante da temática ambiental, o positivismo, por seu lado, não satisfaz enquanto paradigma segundo o qual tal análise se desenvolveria. A esse respeito, a seguinte comparação feita por C. A. Figueiredo Monteiro é incontestável:

As interpretações		1960	1970	1980
Interpretação positivista		Geografia descritiva pré-positivista	Revolução quantitativa	Novo paradigma A geografia como ciência social quantitativa
Interpretação radical		Geografia ingênua	Revolução científica incompleta Pseudoconceitos liberais	Revolução crítica Conceitos científicos	Geografia engajada
			Geografia reacionária	Concepções humanistas e idealistas	
Geografia ciência social		Uma ciência natural das paisagens, das áreas culturais e das regiões	Modelos econômicos Papel dos transportes	Análise socioeconômica	Significação Ideologias Informação-Comunicações Modelos emprestados da sociologia, antropologia, às ciências políticas
				Modelos centrados no indivíduo	

(Tradução: Mendonça, F. A.)
Quadro apresentado por P. Claval (1984) mostrando as diferentes interpretações da geografia humana entre os anos 60 e 80. Observa-se a não ligação específica deste sub-ramo da geografia com a temática ambiental.

Se o positivismo nos oferece imagens transparentes, purificadas e cristalinas pela "objetividade" dos sofisticados parâmetros utilizados, os inventários e modelos obtidos a partir deles carecem daquele "claro-escuro" que é obtido na experiência vivida. Na medida em que fogem da experiência vivida pelo homem, sua aplicação torna-se limitada ou inconsciente para ele. Por outro lado, a produção marxista em geografia, por excelente que seja em apontar as causalidades e diferenças profundas no modo de ser capitalista e socialista, atinge explicações confinadas nos espaços econômico e social e não justifica uma quase ojeriza aos lugares. E os lugares não são simples "acidentes" para o homem, mas correspondem antes ao seu ideário fundamental, e a partir deles é que se elaboram as diferentes geometrias ou topologias criadoras do espaço.

Em relação ao aspecto metodológico geral aplicado aos estudos de geografia física dentro desta mais recente forma de abordagem do meio ambiente, a abordagem sistêmica tem sido o caminho mais utilizado pelos geógrafos físicos para o desenvolvimento de seus trabalhos. A Teoria de Sistemas, aprimorada sobretudo do ponto de vista da modelização e quantificação dos elementos arrolados na abordagem geográfica, tem sido defendida pela maioria dos que se concentravam no estudo do ambiente sob a ótica desta ciência.

Há que se lastimar, entretanto, o esquecimento/descaso de grande parte dos geógrafos físicos no tocante à compreensão/abordagem das relações sociais enquanto componente das diversas paisagens que, mesmo possuindo às vezes um aspecto mais natural, não estão completamente dissociadas de um jogo de influências recíprocas decorrentes das organizações da sociedade.

UMA NOVA VARIÁVEL NA PAISAGEM DO GEÓGRAFO FÍSICO: A AÇÃO ANTRÓPICA

Estes movimentos todos acabaram por mexer com alguns geógrafos mais ligados ao tratamento da natureza e, pouco a pouco, começaram a aparecer as produções de trabalhos enfocando e tratando a natureza sob o ponto de vista da dinâmica natural das paisagens em interação com as relações sociais de produção.

O desenvolvimento de metodologias próprias para a referida abordagem apareceu como primeira necessidade e, desta maneira, alguns geógrafos físicos desenvolveram o conceito de geossistema proposto no início dos anos 60 por Sotchava, inserindo nele a ação antrópica como um dos elementos de análise da referida proposta sistêmica.

Os maiores expoentes das novas tentativas de tratamento do meio ambiente do ponto de vista geográfico são franceses e, dentre eles, podem ser destacados Georges Bertrand, Jean Tricart e Jean Dresch. O primeiro desenvolveu com bastante propriedade a noção de paisagem proveniente dos alemães, sendo que seus artigos científicos ligados à inserção da ação antrópica como elemento da dinâmica das paisagens e do geossistema em muito influenciaram no desenvolvimento da geografia física produzida a partir de então; o segundo, Tricart, introduziu conceitos e metodologias mais abrangentes como a Ecodinâmica e a Ecogeografia. Os trabalhos empregando estas metodologias demonstram, em exemplos práticos de estudos de casos, as reais possibilidades do tratamento do meio ambiente de forma integrada pela geografia física.

A influência da escola de geografia francesa no Brasil é algo marcante em todo o desenvolvimento desta ciência em nosso país, sobretudo a partir da fundação da Escola de Geografia da USP por franceses, em 1934. Assim, a influência dos referidos geógrafos franceses também se fez muito marcante no pensamento geográfico brasileiro, sendo que dentro desta nova perspectiva do tratamento do objeto de estudo da geografia, através da geografia física, destacam-se três importantes nomes, quais sejam, Carlos Augusto de Figueiredo Monteiro, Aziz Nacib Ab'Saber e Orlando Valverde.

O desenvolvimento, no Brasil, do tratamento da temática ambiental dentro da geografia e segundo uma concepção que inter-relaciona sociedade e natureza, foi algo que se deu muito lentamente durante as décadas de 1970 e 1980, em função do que se poderia desejar, principalmente quando se observa que tal desenvolvimento se deu única e exclusivamente dentro da geografia física. Parece que atualmente – e até por controle social – os trabalhos em geografia com esta abordagem têm procurado, em sua maioria, desenvolver uma análise mais integrativa da temática ambiental.

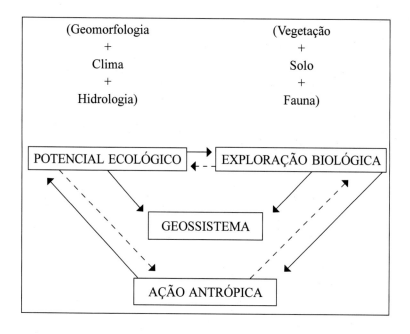

Esboço da proposta do método geossistêmico, melhorado por G. Bertrand (1968), destacando a influência da ação antrópica na sua inter-relação com os outros elementos da paisagem.

No âmbito da geografia física especificamente, alguns geógrafos acreditam que seu desenvolvimento futuro se dará sob o enfoque ambiental. É o pensamento da geógrafa Dirce Suertegaray, apresentado em recente artigo publicado no *Boletim Gaúcho de Geografia*. Esta abordagem se constitui também em perspectiva capaz de diminuir ou atenuar a histórica dicotomia geografia física *versus* geografia humana, e pode vir a ser um elo de união/aproximação entre estes dois sub-ramos através da geografia da percepção/topofilia. Entretanto, é preciso que se discuta com bastante profundidade o desenvolvimento desta última, a não ser que se concorde com suas características assim expostas pelo geógrafo Manuel Correia de Andrade:

(...) A Geografia da Percepção e do Comportamento, apesar de apresentar dificuldades internas – divergências entre os vários grupos que a compõem –, encontra-se em ascensão; isto porque ela não contesta a ordem estabelecida e transfere ao individual, ao pessoal, muitos problemas considerados por outros grupos como sociais. Ela não é contestatória frente à ordem dominante.

Além disso, sabendo-se que o problema ecológico vem agravando-se com o desenvolvimento do capitalismo, provocando a destruição da natureza e a degradação do meio ambiente, em escala que põe em risco a existência da humanidade, o grupo em estudo tem grande campo de ação, partindo de uma luta de defesa do meio ambiente, defendendo a criação de parques e reservas, a preservação de bairros históricos e a preservação de animais e plantas em extinção; desenvolvem campanhas de ensinamentos que mostram a importância destas medidas, embora sem ir ao cerne do problema, sem contestar o sistema econômico que, para sobreviver, necessita degradar e destruir a natureza. O subjetivismo inerente ao grupo de geógrafos da percepção e do comportamento, bem salientado por Milton Santos, leva a caminhos que não ameaçam a ordem estabelecida sendo por isso considerado, pelos mais radicais, conservador e reacionário.

Esta nova prática geográfica vem confirmar mais uma vez a importância da geografia enquanto ciência envolvida

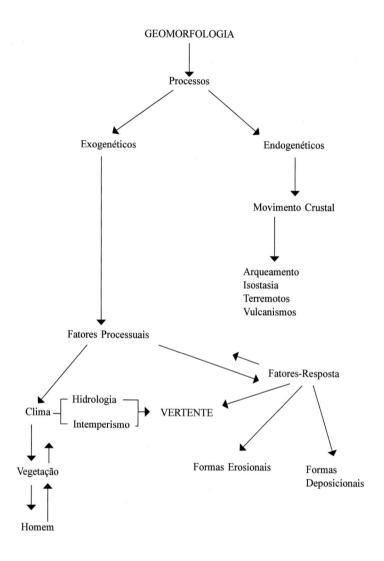

Esquema da dinâmica aproximada entre os fatores processuais no estudo das vertentes, simplificado de L. King (1966) por Valter Casseti (1991). Observa-se que o homem – ação antrópica – começa a aparecer como elemento nos estudos de geografia física – geomorfologia – nos anos 1960.

com as lutas sociais gerais e revigora o seu caráter de ciência engajada na defesa por uma qualidade de vida melhor para todos os homens. Nesta nova abordagem o meio ambiente deixa de receber aquela "tradicional" visão descritiva/contemplativa por parte da geografia como se fosse um santuário que existe paralelamente à sociedade. O meio ambiente é visto então como um recurso a ser utilizado e como tal deve ser analisado e protegido, de acordo com suas diferentes condições, numa atitude de respeito, conservação e preservação.

Quando se discute o papel da geografia de cunho ambientalista, engajada na transformação da realidade, deve-se destacar a importância que ela adquiriu, principalmente a partir do final dos anos 80, no Brasil, quando, após a promulgação da Constituição Federal de 1988, a Legislação Ambiental brasileira normatizou determinadas atividades relacionadas ao meio ambiente. Entre estas atividades encontra-se a exigência da elaboração de EIAs (Estudos de Impactos Ambientais) e RIMAs (Relatórios de Impactos Ambientais) para a implantação de atividades produtivas que possam causar danos ao ambiente. Sendo o geógrafo um dos profissionais habilitados para participar da elaboração de tais documentos, ele tem sido muito procurado. Assim, suas qualidades e habilidades têm sido bastante difundidas.

A elaboração de laudos técnicos, diagnósticos ambientais e o trabalho na recuperação de áreas degradadas, principalmente nas unidades de bacias hidrográficas, têm se constituído em verdadeiras frentes de trabalho nas quais o geógrafo tem sido requisitado.

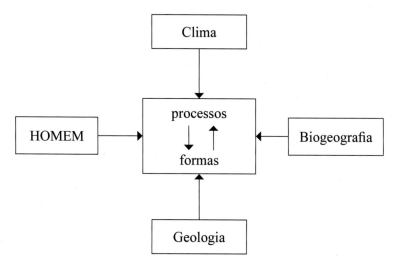

Esquema dos elementos que se interagem no sistema morfogenético, segundo A. Christofoletti (1980). Observa-se, nesta proposição, o aparecimento do homem – ação antrópica – como elemento do sistema.

Observa-se que os geógrafos físicos e os geógrafos humanos têm se engajado conjuntamente nas atividades relativas ao meio ambiente, sobretudo no seu âmbito político, lutando também por melhores condições de vida. Cada especialista vem procurando – com seu conhecimento específico, ligado a uma prática – intervir de forma direta e indireta nos rumos que conduzirão a uma reestruturação do espaço geográfico brasileiro. O desenvolvimento e emprego da informática e do sensoreamento remoto têm se constituído, entre outras, em ferramentas essenciais ao aprimoramento do trabalho destes profissionais, o que tem possibilitado resultados mais rápidos e mais satisfatórios em termos do conhecimento e intervenção nas diferentes realidades.

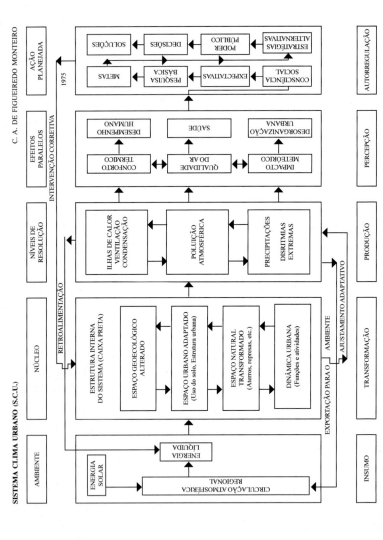

Esquema do sistema clima urbano (S.C.U.), apresentado por C.A.F. Monteiro (1975) nos anos 70. Observa-se, nesta proposição, o detalhamento das atividades humanas enquanto elemento de análise em alguns estudos de geografia física – climatologia.

5. POR UMA ABORDAGEM HOLÍSTICA DA TEMÁTICA AMBIENTAL

(...) as entidades internacionais estão muito preocupadas com a natureza brasileira, mas muito pouco preocupadas com o homem brasileiro.

A. Houaiss, 1991.

Não é nossa intenção, ao discorrer sobre a temática ambiental em sua abordagem pela ciência geográfica, afirmar que a geografia dá conta do seu tratamento de forma integral. Tentamos deixar claro, no desenvolvimento do texto, que a geografia é uma das muitas ciências que aborda o tema e, na medida do possível, tem procurado equacionar as questões atinentes ao assunto. É preciso que se sublinhe também, para uma compreensão e interferência salutar da problemática, que os grupos que atuam devem se constituir de especialistas das mais diferentes áreas do conhecimento e ser completados por representantes da sociedade organizada e dirigentes políticos.

O tratamento da temática ambiental é, por assim dizer, atividade bastante complexa do ponto de vista teórico e mais ainda do ponto de vista da práxis. Somente as ações desenvolvidas do ponto de vista da holisticidade da temática é que conseguem apresentar resultados satisfatórios no tocante às tentativas de recuperação e preservação de ambientes degradados locais, regionais ou planetário – a biosfera. Tal complexidade abarca até a maneira de como se deve conceber o meio ambiente. Neste sentido a recente contribuição de Carlos Walter Porto Gonçalves é bastante pertinente na medida em que propõe o abandono do termo meio ambiente, principalmente pela necessidade de se tratar o ambiente integralmente e não somente parte dele. A proposição do referido geógrafo ganha ainda mais força quando atentamos para a semântica dos dois termos – meio = ambiente; ambiente = meio.

Ainda nesta linha de raciocínio, ou seja, no tocante à concepção da temática ambiental, a contribuição do sociólogo Herbert de Souza vem nos apontar a necessidade de uma compreensão atual da referida temática baseada nas gritantes disparidades socioeconômicas que caracterizam as diversas realidades dos países desenvolvidos e em vias de desenvolvimento (subdesenvolvidos, de Terceiro/Quarto Mundo, atrasados, dependentes, etc.).

Segundo este cientista, nos países desenvolvidos o meio ambiente (*environment*) é compreendido como algo em prol de cuja preservação e conservação se luta, ao mesmo tempo que pelo seu tombamento e buscando defender santuários ecológicos. A preocupação com espécies em extinção é muito grande e o homem, aparentemente, nem sempre é compreendido como elemento do meio. Este ponto de vista é, porém, completamente incompatível com a realidade dos países classificados de terceiro-mundistas. Neles, as condições de vida da população humana, bem como sua qualidade, encontram-se completamente degradadas. É preciso, primeiramente, resgatar o mínimo necessário à sobrevivência de cada um e a condição de cidadania, absurdamente sequestrada por uma minoria hereditariamente no poder. Falar de meio ambiente em tal contexto não tem nenhuma ressonância.

Esta concepção de meio ambiente, com a qual comungamos, é de importância fundamental para a compreensão de como o meio ambiente vem sendo tratado pelas populações dos vários países, conforme seus estágios de desenvolvimento socioeconômico-político. Ela aponta principalmente para o fato de que no Brasil, por exemplo, falar de meio ambiente significa, antes de tudo, lutar para o equacionamento de graves problemas sociais que tão marcadamente caracterizam o espaço geográfico nacional. Esses problemas se tornam ameaçadores à paz social quando se observa as estatísticas e intensidade da criminalidade, violência, delinquência, corrupção, favelamento, mortalidade infantil, desemprego/subemprego, distribuição de renda, habitação, escola, alimentação, lazer, etc.

Como falar de meio ambiente em tais condições?!
Como falar de meio ambiente dentro de uma favela?!
Como falar de meio ambiente para os "sem-terra"?!
O que estas pessoas precisam resolver primeiro?!!!!!
Quais suas prioridades básicas?!!!

A reflexão sobre essas questões remete ao questionamento da abrangência da temática ambiental que é, ao mesmo tempo, questão ambiental. Isso conduz à necessidade do tratamento do meio ambiente (ou inteiro) de acordo com uma postura que, embora assuma o ponto de vista de alguma especificidade do conhecimento, não perca a visão do todo. Ou seja, numa relação dialética, esta especificidade é uma manifestação do geral, e deve ser compreendida neste raciocínio de interligações particular-geral-particular.

Procedendo-se desta forma, ou seja, abordando o contexto geral onde as especificidades estudadas/trabalhadas por cada cientista/cidadão/indivíduo estão inseridas, para poder conhecer e entender o jogo de trocas de influências, poder-se-á contribuir com muito melhor qualidade nas atividades das quais o meio/ambiente carece para que as condições de vida se processem da melhor forma.

Observando-se a abrangência da temática ambiental e sua importante característica de questão social, compreende-se com facilidade o fato de os ecologistas serem encarados, na atualidade, como os "comunistas"/"subversivos" do final do século XX. Além de tudo o que se expôs anteriormente sobre a referida temática, deve-se acrescentar seu aspecto de agente transformador da ordem estabelecida, agente capaz de subvertê-la. Estas últimas considerações foram discutidas pelos cientistas reunidos no III Encontro Nacional de Estudos sobre Meio Ambiente em setembro/1991 e deram origem à *Carta de Londrina do Meio Ambiente*, transcrita a seguir.

MANIFESTO DE LONDRINA DO MEIO AMBIENTE

Os docentes, pesquisadores, técnicos, estudantes, políticos e entidades ambientalistas, participantes do *III Encontro Nacional de Estudos sobre o Meio Ambiente*, realizado em Londrina, Paraná, de 22 a 27 de setembro de 1991, reafirmam, através deste manifesto, os termos da *Carta da Ilha de Santa Catarina*, elaborada no II ENESMA, em 1989 em Florianópolis, Santa Catarina, que aponta a gravidade dos problemas ambientais que atingem a sociedade brasileira.

Manifestam a preocupação com o agravamento da crise social, econômica e política pela qual passa o país, resultante de um modelo econômico desenvolvimentista que favorece uma minoria em detrimento da qualidade de vida da maioria da população, imposto por governos autoritários. A Conferência das Nações Unidas para o Meio Ambiente e Desenvolvimento, que se realizará no Brasil em 1992 e que definirá rumos para as políticas nacionais e internacionais, cujos reflexos se darão sobre o cotidiano de toda a sociedade, evidencia o autoritarismo dos organismos internacionais e do governo brasileiro para com o encaminhamento das questões relativas à sociedade e natureza.

O todo da sociedade não pode ser responsabilizado e arcar com o ônus pela degradação resultante da ação de governos que interagem de acordo com os interesses das classes dominantes nem com a evasão de divisas, que é ratificada com a proposta de reconversão da dívida externa para recuperação, preservação ambiental. Alijada do processo decisório em todos os níveis, demonstra capacidade de resistência quando cria espaços para a discussão e ação democráticas.

Somente uma nova ética social, política e econômica que valorize a autogestão com descentralização do poder e educação para a cidadania permitirá a conquista de uma nova relação da sociedade com a natureza.

Londrina, Paraná, 27/09/1992.

III ENESMA

Pode-se visualizar um esforço, de certa maneira geral, para o levantamento de diretrizes voltadas às novas práticas sociais, que apontam para um redimensionamento das relações entre sociedade e natureza. Algumas como ecodesenvolvimento, desenvolvimento sustentado, autogestão, etc. aparecem como perspectivas de atuação na busca de um ambiente melhor. Todas carecem, entretanto, de profundas reflexões e discussões para serem implementadas e a sociedade organizada deve fazer parte da sua construção e implementação. A ciência, sozinha, não conseguirá resolver os problemas ambientais do planeta... a cultura popular tem muito a contribuir para a construção de um mundo melhor.

Os geógrafos têm, indiscutivelmente, muito a contribuir na necessária mudança da organização do espaço geográfico e a garantia da boa qualidade ambiental é algo que depende muito de tais profissionais. Que as dificuldades cotidianas do profissional em geografia lhe sirvam de estímulo, sobretudo ante suas possibilidades de contribuição para um ambiente melhor!

INDICAÇÕES BIBLIOGRÁFICAS

A temática ambiental possui uma vasta bibliografia geral, produzida pelas diversas áreas do conhecimento. No âmbito da geografia, porém, embora tal bibliografia seja consideravelmente extensa, possui poucos títulos com referência específica. No entanto, encontra-se abordada juntamente com outros temas, em obras que tratam da geografia no tocante à suas concepções, epistemologia e metodologia.

Em função de a temática ambiental ter sido desenvolvida, dentro da ciência geográfica, principalmente pelo ramo geografia física, é que se encontra aí a maior parte da bibliografia publicada.

Considerando esses aspectos, apresentamos a seguir uma pequena lista de obras que podem ser utilizadas para um melhor conhecimento da temática ambiental, sobretudo do ponto de vista geográfico. Delas também nos utilizamos para desenvolver o texto apresentado.

ANDRADE, M. C. *Geografia, Ciência da Sociedade: Uma Introdução à Análise do Pensamento Geográfico.* São Paulo, Atlas, 1987.

BERTRAND, G. Paisagem e Geografia Física Global – Esboço Metodológico. *Cadernos de Ciências da Terra.* São Paulo. IGEO/USP, 1968.

_____ La Géographie Physique Contre Nature? *Herodote.* Paris, François Maspero. 1978. (nº 12).

_____ Construire la Geographie Physique. *Herodote.* Paris. François Maspero. 1982. (nº 26).

BIOLAT, G. *Marxisme et Environement.* Paris, Editions Sociales, 1973.

Boletim de Geografia Teorética. Rio Claro. AGETEO. 1985. (vol. 15, nºˢ 29-30).

CASSETI, V. *Ambiente e Apropriação do Relevo.* São Paulo, Contexto, 1991.

CHRISTOFOLETTI, A. *Geomorfologia.* 2ª ed., São Paulo, Edgard Blücher, 1980.

CLAVAL, P. *Géographie Humaine et Economique Contemporaine.* Paris, Presses Universitaires de France, 1984.

GOMES, H. A Questão Ambiental: Idealismo e Realismo Ecológico. *Terra Livre.* AGB, 1988. (nº 3).

GONÇALVES, C.W.P. *Os (Des)Caminhos do Meio Ambiente.* São Paulo, Contexto, 1989.

_____ *Possibilidades e Limites da Ciência e da Técnica diante da Questão Ambiental.* Seminário Universidade e Meio Ambiente. Belém/PA. CRUB/UFPA, 16 a 19/11/87.

HARTSHORNE, R. *Propósitos e Natureza da Geografia.* São Paulo, Hucitec/USP, 1978.

HOUAISS, A. A. Predação, Segundo Houaiss. *Ambiente,* vol. 5, nº 1, 1991.

JOLY, F. L'a Géographie n'est-Elle Qu'Une Science Humaine? *Herodote.* Paris, François Maspero. 1978. (nº 12).

LACOSTE, Y. *A Geografia Serve Antes de Mais Nada para Fazer a Guerra.* São Paulo, Ática. 1990.

_____ Les écologistes, les géographes et les "écolos". *Herodote.* Paris, François Maspero, 1982. (nº 26).

MARQUES, M. A Interpretação Naturalista da Sociedade e a Geografia. *Orientação.* São Paulo, IGEO/DGEO/ USP, 1990.

MENDONÇA, F. A. *Geografia Física: Ciência Humana?* São Paulo, Contexto, 1991.

MONTEIRO, C. A. F. *Teoria e Clima Urbano.* São Paulo, IGEO/USP, 1976.

_____ Geografia & Ambiente. *Orientação.* São Paulo. IGEO/USP, nº 5, 1984.

_____ *A Questão Ambiental no Brasil 1960-1980.* São Paulo, IGEO/USP. 1981.

_____ *A Geografia no Brasil (1934-1977): Avaliação e Tendências.* São Paulo, IGEO/USP. 1980.

_____ Conferência de Abertura. *II Encontro Nacional de Estudos sobre o Meio Ambiente.* Florianópolis, UFSC/DGOC., 1989.

MORAIS, A. C. R. *A Gênese da Geografia Moderna*. São Paulo, Hucitec, 1990.

_____ Bases Epistemológicas da Questão Ambiental: O Método. *Orientação*. São Paulo, IGEO/DGEO/USP, 1990.

ORELLANA, M. M. A Geomorfologia no Contexto Social. *Simpósio Teoria e Ensino da Geografia*. Belo Horizonte, MEC/SESU/UFMG, 1983. (vol. 2).

RAMADE, F. *Ecologie des Ressources Naturelles*. Paris, McGraw-Hill, 1981.

_____ *Les Catastrophes Ecologiques*. Paris, McGraw-Hill, 1987.

ROSS, J. L. S. *Geomorfologia – Ambiente e Planejamento*. São Paulo, Contexto, 1990.

SANTOS, M. *Novos Rumos da Geografia Brasileira*. São Paulo, Hucitec, 1988.

_____ *1992: A Redescoberta da Natureza*. Aula inaugural da Fac. Filosofia, Letras e Ciências Humanas. São Paulo, FFLCH/USP, 1992.

SEABRA, O. *Urbanização e Meio Ambiente*. São Paulo, DGEO/USP, cópia de texto sem edição, s/d.

SEGUNDO ENCONTRO NACIONAL DE ESTUDOS SOBRE O MEIO AMBIENTE. Anais. Florianópolis/SC. Setembro/1989.

SUERTEGARAY, D. A Geografia Física no Final do Século XX. *Boletim Gaúcho de Geografia*. Porto Alegre, AGB, 1991.

TERCEIRO ENCONTRO NACIONAL DE ESTUDOS SOBRE O MEIO AMBIENTE. Anais. Londrina/Paraná. Setembro/1991.

TRICART, J. *Ecodinâmica*. Rio de Janeiro, FIBGE/SUPREM, 1977.

_____ L'Analyse de Système et l'Etude Intégrée du Milieu Naturel. *Annales de Géographie*. Paris, 1979.

TRICART, J.; KILLIAN, J. L'Eco-Géographie et l'Aménagement du Milieu Naturel. *Herodote*. Paris, François Maspero, 1979.

TRICART, J. L'Eco-Geographie, approche systémique et aménagement. *Herodote*. Paris, François Maspero, 1984. (n°s 33-34).

VESENTINI, J. W. *Geografia, Natureza e Sociedade*. São Paulo, Contexto, 1989.

O AUTOR NO CONTEXTO

Nascido em Minas Gerais (Araguari), Francisco Mendonça licenciou-se em geografia pela Universidade Federal de Goiás, estagiou na França, defendeu mestrado e doutorado na Universidade de São Paulo. Foi professor na Universidade Estadual de Londrina e atualmente leciona na Universidade Federal do Paraná. É professor-colaborador da Université Paris 1 – Sorbonne e membro da Cátedra Unesco para o Desenvolvimento Sustentável da UFPR.

O "passeio" intelectual de sua vida é decorrência de um profundo amor à natureza que lhe levou a conhecer o Brasil todo, além da Argentina, do Chile e da Colômbia, de carona.

Amante da natureza, Francisco Mendonça não é ecológico apenas na teoria: gosta de esporte, comida natural e "curte" acampar. Autor de *Geografia física: ciência humana?* e de *Clima urbano* (em conjunto com Carlos Augusto Figueiredo Monteiro), todos pela Editora Contexto, Francisco acha que colocar em discussão suas ideias, mesmo que ainda não perfeitamente acabadas, é melhor do que guardá-las egoisticamente para si em nome de um perfeccionismo estéril.